PraisING – Elogio dell'Ingegnere

A Luciano De Crescenzo,
scrittore ed ingegnere,
per aver contribuito ad un
ri-avvicinamento del Mondo
di letteratura ed ingegneria,
di mitologia e scienza.

PraisING
Elogio dell'Ingegnere

PraisING – Elogio dell'Ingegnere

Gli scienziati sognano di fare grandi cose. Gli ingegneri le realizzano.

(James Michener)

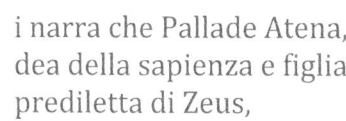i narra che Pallade Atena, dea della sapienza e figlia prediletta di Zeus,

ebbe in dono da suo padre le crete apollinee e dionisiache,

le stesse con le quali furono creati gli uomini,

ed un giorno di estate, nella sua generosa ispirazione,

da esse impastò un pugno di scienza ed uno di tecnica:

nacque così l'ingenium, termine latino dal quale deriva "ingegno",

"ingegnere", "ingegneria", "engine", "engineering", "ingénieur", ecc.

Da allora l'uomo si è interrogato sull'essere, sul divenire,

sull'immanente, sul trascendente;

ha scrutato il decimo di milionesimo di miliardesimo di centimetro

PraisING – Elogio dell'Ingegnere

della struttura di un protone

così come le migliaia di trilioni di chilometri

delle più recondite galassie dell'universo;

ha calcolato l'infinitesima frazione di secondo

così come il tempo di vita delle stelle;

ha viaggiato in innumerevoli contesti spazio-temporali,

lasciando dietro di sé una scia di distruzione, di guerre, di morte,

ma anche di conquiste, di speranze, di vita;

ha attraversato i secoli da protagonista indiscusso della Storia

manifestando prepotentemente la sua forza più grande nel pensiero,

l'arma più micidiale, il requisito che lo contraddistingue da ogni altra forma di vita;

ma è nel passo successivo, quello di tradurre attraverso un progetto

il pensiero in innovazione,

ha reso possibile il progresso del suo genere,

facendo dell'ingegneria il naturale campo di convergenza

di scienza, matematica e tecnologia.

L'ingegneria non è mera speculazione teoretica

ma è primaria conquista del genere umano che con essa ha saputo,

partendo da un'analisi o da un'esigenza, da un bisogno,

e nella constatazione dei limiti fisici, sociali, politici ed economici,

fornire soluzioni metodologiche e progettuali

per produrre, controllare, sviluppare, gestire un bene materiale o immateriale,

sia esso un prodotto, un sistema, un servizio, un processo, un'organizzazione.

L'ingegneria non è solo **storia d'innovazioni e conquiste umane**,

di proattive, rivoluzionarie e futuristiche intuizioni geniali ma ciò che ha permesso all'uomo di governare i cambiamenti,

di non subirli passivamente, di adattarsi ad essi e quindi di sopravvivere.

Senza di essa l'uomo sarebbe già specie estinta.

L'ingegneria non è solo straordinaria capacità di interpretazione dei bisogni umani

ed applicazione delle scoperte scientifiche nella vita di ogni giorno

ma è ciò che in una continua interfaccia biunivoca

ha influenzato e cambiato il modo, **lo stile e la filosofia di vita,**

l'efficacia e l'efficienza della ricerca scientifica,

alimentando con la sua forza propulsiva

il cammino ininterrotto del genere umano verso il progresso.

E il prometeico mediatore tra conoscenza e necessità, tra scienza e società,

PraisING – Elogio dell'Ingegnere

è l'ingegnere.

Dal campo agroalimentare al biomedico,

dal civile al gestionale,

dal forense all'aerospaziale,

dal meccanico all'elettronico,

dall'informatico al nucleare,

dai trasporti all'industriale,

dal navale all'elettrico, ...

in ogni settore di applicazione ed organizzazione umana

gli ingegneri hanno permesso alla nostra specie

di attraversare i secoli della propria esistenza da protagonista,

dalla preistoria fino alla straordinaria ed affascinante era in cui viviamo.

Dalla ruota mesopotamica all'aeroplano,

dalle piramidi dell'Antico Egitto al Burj Khalifa,

PraisING – Elogio dell'Ingegnere

dai megaliti di Stonehenge agli orologi atomici,

dal faro di Alessandria al radar,

dall'abaco al microchip,

dalla lampadina al transistor,

dal ponte di Alcantara al Golden Gate,

dalla Grande Muraglia allo scudo spaziale,

dalla vite idraulica al canale di Panama,

dalla sfera armillare alla stazione spaziale orbitante,

dalle vie consolari alla transiberiana,

dall'arco in pietra al calcestruzzo armato,

dai codici leonardeschi a quelli crittografici,

dalla pila elettrica all'acceleratore di particelle,

dall'Amerigo Vespucci ad Internet,

dalla basilica di Santa Sofia al duomo di Firenze,

dal paracadute allo Sputnik 1,

dal telescopio alle sonde spaziali,

dal viadotto di Millau alle Palm Islands,

PraisING – Elogio dell'Ingegnere

dalla pascalina al personal computer,
dal pacemaker alla TAC,
dalla pistola a sei colpi alla bomba atomica,
dal telefono al world wide web,
dalla radio al televisore,
dal pianoforte all'audio digitale,
dalla stampa a caratteri mobili a quella 3D,
dalla balestra al laser,
dalla plastica alle fibre ottiche,
dalla pentola a pressione al frigorifero,
dai templi di Agrigento ai social network,
dal Nautilus all' tunnel della Manica,
da Enigma all'algoritmo RSA,
dai Panzer ai robot,
dall'acquedotto di Segovia al ponte di Brooklyn,
dal canale di Suez alla diga di Hoover,
dalla clonazione alla codifica del genoma,
ecc. ecc.,

PraisING – Elogio dell'Ingegnere

un'infinita carrellata di straordinarie meraviglie e fenomenali innovazioni

che spesso i media etichettano astrattamente come "miracoli dell'ingegneria"

ma che invece sono concretamente partorite dall'ingegno di uomini e donne,

singoli/e o associati/e, i cui nomi sono eternamente destinati a bruciare

per illuminare l'Umanità:

Lu Ban, Archimede di Siracusa, Erone di Alessandria,

Filippo Brunelleschi, Leonardo da Vinci, James Watt,

Carlo Vanvitelli, Agustín de Betancourt, George Stephenson,

Nicolas Léonard Sadi Carnot, Isambard Brunel, i coniugi Roebling,

Henry Bessemer, Eugenio Barsanti e Felice Matteucci,

Nikolaus August Otto, Gustave Eiffel, Emil Winkler,

PraisING – Elogio dell'Ingegnere

Galileo Ferraris, Thomas Edison, Alexander Bell,

Hertha Ayrton, Nikola Tesla, Rudolf Diesel,

Henry Ford, i fratelli Wright, i coniugi Gilbreth,

Nath Khosla, Adriano Olivetti, John von Neumann,

Shigeo Shingo, Fritz Leonhardt, Konrad Zuse,

Hans von Ohain, Wernher von Braun, Hedy Lamarr,

Charles Bachman, Fazlur Khan, Neil Armstrong,

Michael Bloomberg, Jeff Bezos, Larry Page,

...

... impossibile citarli tutti,

in ogni secolo o epoca storica,

in ogni nazione o luogo della Terra,

il loro nome,

allo stesso tempo onore e fardello,

è INGEGNERE.

PraisING – Elogio dell'Ingegnere

Per Le Corbusier

l'ingegnere è colui che "ispirato dalla legge dell'economia e guidato dal calcolo,

mette in comunicazione armonica l'uomo con le leggi dell'universo";

per Herbert Hoover

è colui al quale "compete rivestire di vita, conforto e speranza lo scheletro della scienza";

per i suoi detrattori, invece,

è un trasandato secchione, colto, intelligente ma incurante del proprio aspetto fisico,

un anti-esteta, asfissiante, pedante, permaloso, a tratti esaltato e superbo,

costantemente proiettato nel futuro, incapace di vivere il presente

a causa delle sue limitate capacità relazionali;

per altri ancora

un matto e affamato tecnologo

che ha impellente necessità di mettere a frutto le sue conoscenze e i suoi studi, un futurista ed entusiasta ottimista che riesce a vedere sfide ed opportunità

dove gli altri vedono solo problemi,

o più semplicemente…

… un eterno studente svegliatosi uomo

che ha irrefrenabile bisogno di credere

che qualcosa di folle, di intentato e straordinario

sia realmente possibile.

PraisING – Elogio dell'Ingegnere

L'autore

Dionigi Cristian Lentini è un ingegnere, professore, divulgatore scientifico e scrittore; nasce a Mottola nel 1980, pronipote dell'eroe ravellese Pasquale Sacco. Nella cittadina pugliese, anche ricordata come "la spia dello Jonio", frequenta il **liceo scientifico "A. Einstein"**, dove oltre a formarsi in campo logico-scientifico-tecnologico, coltiva la passione umanistica per le Lettere ed in particolare per la Storia e Filosofia. E' in questo periodo che inizia anche a scrivere poesie e aforismi. Nel 1998 è 2° Classificato al "**Premio Nazionale Ori di Taranto - VI Edizione**" e nello stesso anno è finalista al Concorso Europeo "**Chi ha diritto ai diritti dell'uomo ?**". Nel 2005 si laurea in **Ingegneria Informatica** all'Università degli Studi della Calabria con una tesi sperimentale in "sicurezza delle reti wireless" e già prima di terminare il corso accademico magistrale collabora con il Dipartimento di Elettronica, Informatica e Sistemistica (D.E.I.S.) dell'UNICAL e con il C.E.R.N. di Ginevra in campo di ricerca scientifica; è in tale contesto che nel 2006 pubblica il paper *'Static and Dynamic 4-Way Handshake Solutions to Avoid Denial of Service Attack in Wi-Fi Protected Access and IEEE 802.11i*', recensito sull'EURASIP Journal on Wireless Communications and Networking (JWCN 2006), la più famosa rivista scientifica dell'Hindawi Publishing Corporation. Sempre nel 2006 si abilita alla **professione di Ingegnere** e viene iscritto all'Albo principale dell'Ordine degli Ingegneri della Provincia di Taranto nei tre settori Civile-Ambientale, Industriale e dell'Informazione. Negli anni avrà ruolo attivo in diverse Commissioni dell'Ordine professionale e nei vari passaggi dell'attività ordinistica.

Appassionato di mitologia e storia (in particolare Storia Antico-Medioevale e Risorgimentale) dal

1994 al 2009 scrive *"Hisotriae ara"*, *"Pantheon Magnorum* – Boopen Editore - 2005" (il suo "Dantis iter in deum" tra i Grandi della Storia), *"Storia romanzata della Guerra di Troia* – Boopen Editore - 2009"*, alcune accurate raccolte cartografiche (*"Cartografia politica d'Italia*", "*I Grandi Imperi*") e poi una serie di compendi saggistici e cronologie (*"Riassunto cronologico degli eventi storici riguardanti il periodo compreso tra la nascita della civiltà mesopotamica e la caduta dell'Impero Romano d'Occidente", "Riassunto cronologico degli eventi storici riguardanti il periodo compreso tra le invasioni barbariche e la scoperta del nuovo mondo", "Riassunto cronologico degli eventi storici riguardanti il periodo compreso tra la scoperta del nuovo mondo e la caduta di Napoleone", "Riassunto cronologico degli eventi storici riguardanti il periodo compreso tra il Congresso di Vienna e l'età dell'Imperialismo", "Riassunto cronologico degli eventi storici riguardanti il periodo compreso tra la Prima Guerra Mondiale e il 2000", "Storia d'Italia (800 a.C.-1815 d.C.): dalla colonizzazione greca al Congresso di Vienna", "Storia d'Italia (1815 a.C.-1861 d.C.): dall'età della Restaurazione all'Unità", "Storia d'Italia (1861 a.C.-1994 d.C.): dall'Unità alla Seconda Repubblica, "Res Populi Romani", "Ellade Eterna", "Egitto", "Il fascino irresistibile dell'Antico Oriente", "Alphabeti", "Calendari", "Capi di Stato", "Pontifex", "Guerre di tutti i tempi", "Mos Maiorum", "Storia* delle Scienze", "Storia della Matematica", "Storia della Medicina", "Storia della Fisica nucleare", "Mitologia Universale", "Bandiere dal mondo", "Cronologia di Storia dell'Arte") raccolte successivamente in "*Annales Rerum Orbis*".

Dal 2005 al 2006 lavora a Roma come Analyst Consultant in Capgemini Italia S.p.A. – Gruppo **Capgemini**, una multinazionale che opera nel campo della consulenza informatica, dell'outsourcing e della fornitura di servizi; in questa breve ma intensa esperienza ha modo di partecipare a diversi progetti in campo hi-tech, della difesa e dell'aerospazio in collaborazione con Galileo Avionica, Alenia Aeronautica, BAI, ecc. e di far pratica in campo di web-applications progettando e sviluppando le prime piattaforme di home banking per diversi stakeholder finanziari (BPU, ecc.).

Nell'ottobre 2006 entra a far parte del Gruppo **Finmeccanica** (Leonardo S.p.A., già Finmeccanica S.p.A., già Alenia Aermacchi S.p.A. , già Alenia Aeronautica S.p.A, già Alenia Composite S.p.A.), prima come Ingegnere all'Innovazione Tecnologica, Ricerca e Sviluppo (R&D Engineer), poi come ICT Engineer per il programma aeronautico internazionale **B-787 (Boeing "Dreamliner Program")** presso lo stabilimento produttivo di Grottaglie (TA).

Nel 2010 consegue il **Master in General Management** "*BEST – Business Education Strategic Ten*" - ASFOR certified (Corporate Specialized Master) ed è articolista per diverse riviste del settore informatico tra le quali "SecurInfo" e "Hacker Journal", la prima rivista hacking italiana.

Nel 2011 è **commissario esperto** (settore informatico) per il GAL "Luoghi del Mito" all'interno del PSR Regione Puglia 2007-2013 – Asse 4 Misura 431 Azione 3, **esperto P.O.N.** – F.S.E. 2007-13 – Azione D1-FSE-2013-106 – Modulo "Le nuove tecnologie: orientarsi e apprendere nell'era digitale" per diversi istituti scolastici e **docente esperto** per diversi corsi di formazione professionale organizzati dall'Ordine degli Ingegneri della Provincia di Taranto. Dallo stesso anno è Perito e Consulente Tecnico d'Ufficio c/o il Tribunale per cause civili e penali con specializzazione in IT security e Digital Forensics.

Sempre in ambito della professione informatica dal 2009 si occupa soprattutto di **web-mastering** (oltre 40 siti e portali web progettati), **web and mobile applications** (Android), oltre ad essere da sempre appassionato di **crittografia** e **protocolli di sicurezza**.
Nel 2016 pubblica "Tecnologie wired e wireless: protocolli di sicurezza delle reti di comunicazione" - Lulu Pres, "Cryptography: la crittografia alla base delle tecnologie moderne" - Lulu Press e "Hacking Technology - Tecnologie e Hackers" - Lulu Press.

Con lo stesso editore nel 2016 ripubblicherà le poesie del periodo liceale-universitario nel e-book *"Come una farfalla"*, tradotto anche in lingua inglese col titolo di *"Like a butterfly"*.

Dal 2017 è **docente ordinario di Tecnologia** presso il Ministero dell'Istruzione, dell'Università e della Ricerca e **Presidente della Commissione ICT dell'Ordine degli Ingegneri della provincia di Taranto**.

Da sempre attratto da tutti i giochi con forte componente riflessiva e strategica, per Cristian la vita è una dura **partita a scacchi con il destino**: mentre le lancette dell'orologio scandiscono l'incedere del tempo, è assolutamente vietato mollare un istante, vietato abbattersi, vietato illudersi... impegnarsi ed andare avanti fino allo scacco matto !

Il suo aforisma preferito ? *"Il mondo appartiene agli entusiasti capaci di non perdere la calma. (McFee)"*.

PraisING – Elogio dell'Ingegnere

*Essere ingegnere è praticamente una malattia.
A una donna, moglie d'ingegnere, si potrebbe chiedere:
"Signora, suo marito come sta? E ancora ingegnere?".
E lei potrebbe rispondere: "No, adesso sta un po' meglio".*

(Luciano De Crescenzo)

PraisING – Elogio dell'Ingegnere